中国夜景丛书

国网浙江省电力有限公司杭州供电公司　编

中国电力出版社
CHINA ELECTRIC POWER PRESS

电耀杭州
DIAN
YAO
HANG
ZHOU

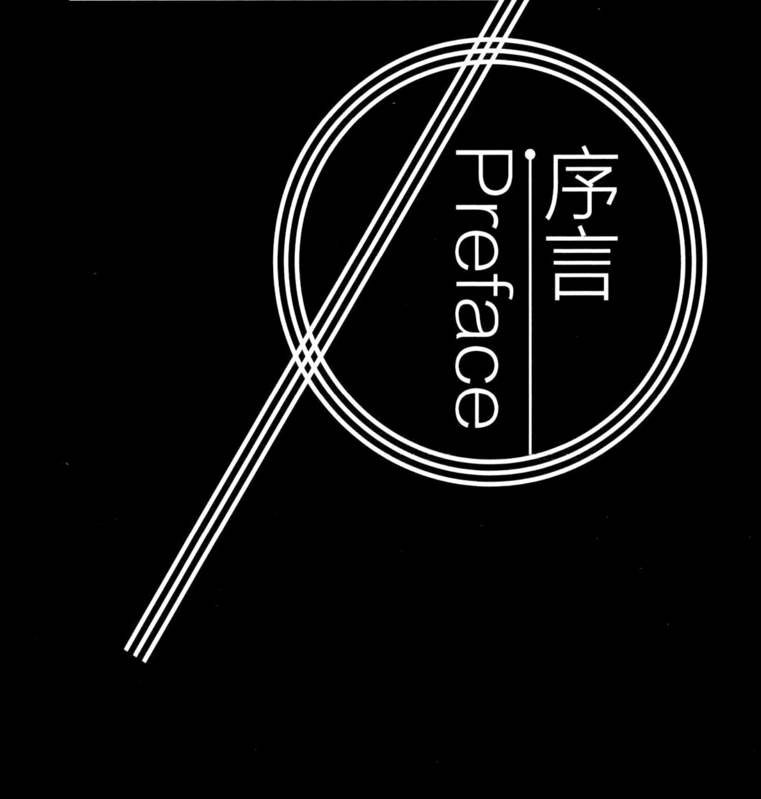

杭州素有“人间天堂”的美誉，湖光山色、人文美景俯拾皆是，凡是到过杭州的人无不对这里秀丽的山水风景赞赏有加。习近平总书记曾在这里工作过6个年头，他赞扬杭州是一座“创新活力之城，生态文明之都”。

在杭州经济高速发展的时代，这12个字也成为杭州电力人一直践行的目标和理念。杭州夜景是杭州生态之美和城市之美的全新结合，也是杭州电力人深耕城市发展，守护生态环境的最佳实践。

《电耀杭州》是庆祝中华人民共和国成立70周年的献礼之作。本书由国网杭州供电公司编撰，以夜景为聚焦点，以“电”点亮城市、乡村为主题，展现了杭州电力点亮杭城夜色的速度与温度。这次编撰的过程既是回顾也是展望，在重温杭州城市发展之路的同时，更加明确和坚定杭州电力在助推杭州建设“世界名城”过程中的前行方向。

山水不负，电耀杭城。相信每一位杭州电力人的心目中都有一幅属于自己的杭城夜景图，在这片风景中，我们不仅是摄影者，更是画中人，是光的执笔者，也是隽永的歌唱者。

国网杭州供电公司

编委会

前言 Foreword

《电耀杭州》是一部在“夜色”中诞生的诗歌，它里面的每一幅作品，不论内容还是背景都来源于夜色。它是一首光影诗，也是一首叙事诗，更是一首生命之诗，它是杭州电力人点亮杭城的忠实记录，是他们与这座城市的深情对白。

书中的一百多幅摄影作品大多出自公司员工之手，他们中有常年奔波在宣传前线的记者、通讯员，也有出于个人热爱用影像记录生活的一线员工。这些照片不仅记录了他们的工作，也记载了电力与这座城市的亲密关系。全书从“宜游——人文荟萃，源远流长”“宜业——汇纳百川，涛头弄潮”“宜居——万家灯火，生生不息”“点亮——电耀杭州，守护光明”四个维度，立体地绘就出一幅动静皆宜、魅力四射的杭州夜色长卷。

我们希望用《电耀杭州》来展现大时代里，杭州电力是如何一步一个脚印地去“点亮”城市、乡村，去改变城乡面貌和百姓生活。我们更希望通过这本书，让人们了解“点亮”背后的故事，了解长日落尽，夜幕之下，那一个个坚守的身影，是如何用智慧与汗水铸就了这一片万家灯火、璀璨山河。

083

点亮——电耀杭州，守护光明

059

宜居——万家灯火，生生不息

目录 Contents

宜游——人文荟萃，源远流长

“烟柳画桥，风帘翠幕，参差十万人家。”杭州自古便是中国的文化重镇和商贸中心。千百年来，杭州的山水吸引了无数的文人墨客，留下了数不清的文章诗篇和精彩故事。从白居易到苏东坡，从岳飞到于谦，从李叔同到竺可桢，钱塘江的波涛伴随着岁月的流转，留下了这座城市“向美而生”的风骨和“从善而流”的底蕴。

如果把山水比喻成杭州的镜子，那么“电”就是这面镜子前的光。近年来，杭州电力以电之名，以山水文化为内核，积极开展点亮夜色工程。从钱塘江到西湖，从玉皇山到千年古刹，从南宋御街到钱江新城，一个个点亮工程在夜色中开出绚烂的花朵。

夜幕降临，华灯初上。西湖边，山为屏水为影，山水相映，流光溢彩；雷峰塔上，一轮明月与灯光共舞，历史与现代的光辉相融；钱江新城华灯璀璨、车水马龙，高楼大厦鳞次栉比，落地玻璃透着点点灯光……夜色中的杭州，带着山水的秀丽，也带着历史的厚重与霓虹的繁华，在五光十色的灯火下，杭州的传奇故事正在继续。

CHAPTER ONE 1

江南忆，
最忆是杭州。
山寺月中寻桂子，
郡亭枕上看潮头。
何日更重游。

——唐·白居易

「长桥塔影」

长桥夜色 | @东东东

长桥是西湖著名的三大情人桥之一，梁山伯与祝英台的十八相送就发生在这里。
这里是看雷峰塔的最佳观景处之一。塔影柳浪，给人无限想象。

雷峰塔月色

雷峰塔不仅白天是杭州西湖游览中的必去景点，
夜晚的塔影、月色也吸引着人们的目光。

雷峰塔与西湖 | 肖奕叁

“闻子状雷峰，老僧挂偏裻。日日看西湖，一生看不足。时有熏风至，西湖是酒床。醉翁潦倒立，一口吸西江。”——张岱《雷峰塔》

北山路西湖夜景

静静的湖水光滑如镜，西湖夜色美，也在这灯、树、水的彼此映衬中。

「湖滨水乐」

西湖喷泉 | 陈中秋

西湖喷泉是国内最有知名度、关注度的音乐喷泉之一。夜幕降临，一朵朵炫目的水花带着节奏盛开于西湖之上。

南宋御街

活色生香的生活每天都在这夜色里热闹上演。

「河坊霓光」

河坊揽胜 ｜ 徐昕

河坊街曾是古代都城杭州的“皇城根儿”，是南宋的文化中心和经贸中心，凝聚了杭州最具代表性的历史文化、商业文化、市井文化和建筑文化。
雨夜，古意的街道游人如织，仿佛穿越古今。

一阁一月一潭 | 王光音

阁中光亮，与明月上下争辉，与潭水相互辉映，形成绚烂景象。

城隍阁夜色 | 丁豪

这里是欣赏杭州夜景的最佳观赏点，站在城隍阁上可以尽览江、湖、山、河、城。

「西溪灯火」

西溪湿地 | 潘劲草

西溪国家湿地公园位于杭州市区西部。公园横跨西湖区与余杭区，离杭州主城区武林门只有6千米，距西湖不到5千米。

「水榭楼阁」

集贤亭

集贤亭，清代西湖十八景之一的“亭湾骑射”，位于西湖内“晚节流香”石碑对面，有西湖“最美亭子”之美誉。

运河沿岸 | 王振

华灯初上，现代都市与古老运河相得益彰。
运河的夜晚比白天热闹，运河“走运”是杭州人特别的休闲方式。

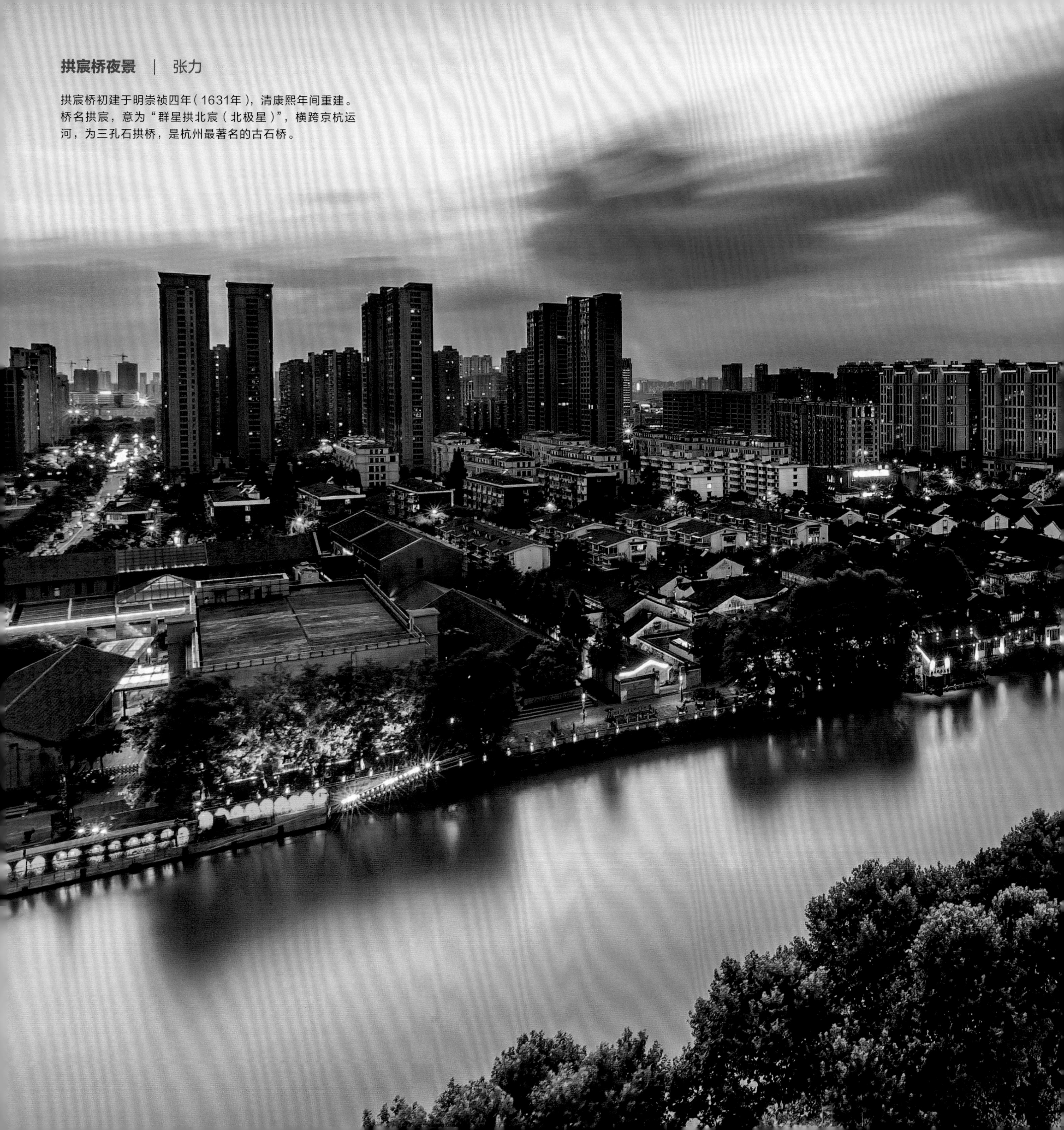

拱宸桥夜景 | 张力

拱宸桥初建于明崇祯四年（1631年），清康熙年间重建。桥名拱宸，意为“群星拱北宸（北极星）”，横跨京杭运河，为三孔石拱桥，是杭州最著名的古石桥。

丁哥

塘栖夜韵 | 徐晖

塘栖的七孔古石桥，游客的必打卡景点。千年的大运河，从桥下静静地流淌。桥下的石狮子，千年如一日的陪伴着它。

塘栖老街暮色 | 杨照夫

夜晚的塘栖古镇很安静，适合独自浅饮小酌，静静的与古镇来一场心灵深处的对话。

灵隐雪夜 | 樊小喆

听风，听雪，听旧事，细享生命的宁静。

香积寺夜景 | JasonVon

香积寺是杭州运河新夜景的主角。白塔若点亮，寺前广场中间地面上的画便会发光，彩色图案还会慢慢转变。

西湖涌金池夜景 | JasonVon

古时涌金池一带景致颇佳，且有“金牛出水”的传说流传于世。此处面积虽不大，却是西湖与民间传说的结合，反映杭城居民的良好愿望。

湘湖之夜 | 徐晖

「湘湖夏梦」

美丽湘湖 | 徐晖

这里有着八千年的跨湖桥文化，湖畔有座跨湖夜月亭，
是观赏湘湖夜景的最佳位置。

魅惑千岛湖 ｜ 姜晓勇

夜幕下，远处的城市霓虹炫目，复古的游船穿梭于千岛湖湖面，光影的流动让人沉醉。

春江花月夜 ｜ 方旭峰

山水之间，灯火迷离，富春江畔夜色美丽动人。

富春夜色 ｜ 方旭峰

富春江是富阳的母亲河，夕阳西下，灯光渐起，静谧而安逸的小城准备安眠。

谁人能画富春山 | 方旭峰

鹿山脚、春江畔，货船来往、灯火璀璨，犹如黄公望笔下的富春山居图重现。

“印象 · 西湖”演出现场 ｜ 丁俊豪

“印象 · 西湖”通过动态演绎、实景再现，将杭州城市内涵和自然山水浓缩成一场高水准的艺术盛宴。

印象西湖，西湖印象 | 杨照夫

“印象 · 西湖”将杭州西湖十景极致化、印象化。有春天苏堤的杨柳依依，夏日西湖的十里荷香，中秋佳节的三潭印月，皑皑冬日的断桥残雪。

最忆是杭州 | 潘雯

“印象 · 西湖”的演出现场。星星点点的灯光里，流动着的是古典和现代完美交织的美妙音符。

宜业——汇纳百川，涛头弄潮

“东风起，一一风荷举。”当前的杭州，正绽放如西湖夏日的荷花，以其独特的魅力，展现于世界面前。杭州被誉为“亚洲硅谷”，越来越多的资本和人才注入杭城，越来越多的优秀企业如雨后春笋般在这里生根发展。

在杭州，“电”不仅是城市运转的能源基础，也是经济产业腾飞的动力引擎。杭州电力紧抓“后峰会、前亚运”的重大历史机遇，持续深化政企融合，打通了供电公司与政府部门间的信息共享通道，持续深化“互联网+营销”和电力“最多跑一次”业务，不断压减业扩接电环节，压缩报装通电时间。杭州的“获得电力”指标和营商环境得到了国务院发展研究院专家的高度肯定，杭州城市创业、就业的幸福感也大幅度提升。

包容的营商环境、繁荣的经济发展、深厚的人文底蕴，使杭州成为名副其实的造梦之城。杭州市政府将“推行以电代煤、以电代油，提高社会电气化水平”写入“十三五”控制温室气体排放实施方案。电气化的大潮正席卷着各大产业，为城市的经济发展插上了一双绿色的翅膀。

杭州“双创”的沃土上，“雨林式生态”正在勃发。而电，则成为了万众创业的坚强保障。

CHAPTER TWO

碧毯线头抽早稻，
青罗裙带展新蒲。
未能抛得杭州去，
一半勾留是此湖。

——唐·白居易

城市阳台

这里连接着钱塘江两岸的风景。G20杭州峰会期间的灯光秀和音乐喷泉，使钱江新城一跃成为杭州新晋的网红景点。

LIFE PLAZA

蓝调时刻的钱江新城 ｜ JungLand

蓝调时刻（Blue moment，指一天中日出之前和日落之后的短暂时刻）的钱江新城显得格外繁华、炫目。

江畔明珠 ｜ JungLand

夜晚来临之际，闪烁的城市灯光和霓虹照亮夜空。一些楼宇的内透亮灯率（从建筑物内部投射出来的灯光）甚至达到100%，构成了一幅极为璀璨的都市夜景。

日月照钱江 | 王川

杭州大剧院是钱江新城第一座拔地而起的大型地标性建筑，整体造型好似一轮弯月，
与对面的金球——国际会展中心交相辉映，形成“日月同辉”的美好景象。

灯光秀和音乐喷泉 | 徐晖

钱江新城的灯光秀和音乐喷泉绚烂梦幻。

菜鸟物流助力天猫“双十一” | 吕程

“双十一”前夕，菜鸟网络总部所在的西溪首座大楼亮起大大的天猫LOGO。

阿里巴巴“双十一”晚会 | 吕程

“双十一”的阿里巴巴西溪园区访客中心夜景。

灯火通明的阿里巴巴园区 ｜ 张德峰

奔涌的电流“点燃”整个未来科技城。

梦想小镇

梦想小镇，坐落于余杭区仓前街道，是一座因梦想诞生的“梦幻小岛”。它定位于“互联网+”创业，不少年轻创业者在这里为梦想打拼。

G20杭州峰会主会场夜景 | 黄宗治

夜幕中的G20杭州峰会主会场灯火璀璨，尽显中国气派，杭州风采。

星夜保电 | 王振

国网杭州供电公司党员服务队夜以继日的驻点守护输电线路，保障世界互联网大会供电通道安全。

滨江宝龙广场施工现场 | 王振

夜晚的滨江宝龙广场施工现场依旧繁忙，一派“热气腾腾”的景象。

坤和中心大厦 | 杨照夫

即使是下班时间，武林门附近的写字楼里依然有不少办公室亮着灯，那是勤奋的人们在为梦想而打拼。

亚运会准备进行时 | 肖奕叁

第19届亚洲运动会，将于2022年9月10日至25日，在杭州举行。它以“中国新时代 · 杭州新亚运”为定位，以“中国风范、浙江特色、杭州韵味、共建共享”为目标。

瓜山立交 | 徐晖

飞架的立交联通四方，夜晚的杭城畅通无阻。

光之桥

路灯、车灯，汇成一条川流不息的光之桥。

钱塘江三桥

钱塘江三桥是连接杭州老城区与滨江、萧山两区及萧山机场的重要通道之一。

复兴大桥

复兴大桥又称钱江四桥，夜色下的大桥光流如梭，承载着不停歇的城市发展脚步。

杭州火车东站 | 徐晖

杭州火车东站以“钱江潮”的建筑形式为设计主题，体现出杭州“精致和谐、大气开放”的城市形象。

蛟龙出城 | 张关春

天桥夜色 | 张关春

宜居——万家灯火，生生不息

“三面云山一座城，一江春水穿城过。”水是杭州城市的魂魄，在杭州人的生活中，一草一木间都饱含着如水的柔情。从历史悠久的大运河，到水光潋滟的西湖，再到波涛壮阔的钱塘江，水让这座城市拥有了与众不同的深厚底蕴和从容温婉的独特气质。

杭州，全国唯一连续11年入选“中国最具幸福感城市”榜单。荷尔德林的诗句“诗意地栖居”，在杭州这座城市得到了最完美的表达。这些年，国网杭州供电公司正大力建设世界一流坚强智能配电网，配网环网化率、自动化率均为100%。在杭州，核心城区供电可靠率达到99.9999%，年平均停电时间小于2分钟，媲美巴黎、东京；在杭州，城区电缆化率高达93.1%，仅次于上海，电网规模在国网系统省会城市中位列第一，城市里看不见纵横交错的电杆电线，电网抵御自然灾害的能力大大提升；在杭州，全电综合体、全电住宅、全电民宿和全电汽车贯穿着人们吃、住、行的每个环节，低碳生活成了城市生活的“新常态”，城市的天更蓝了，水更清了。

无论是西子湖畔还是城市阳台，宝石山上还是凤凰山脚，每当华灯初上，一排排崭新的路灯在智慧照明管理系统管理下“准时”亮起，青漆铜雕，飞尖挑檐，忙碌了一天的人们，踏着温暖的灯光回家。而在城市的另一面，属于杭州电力人的坚持与守护仍在继续，他们的身影与城市和灯光融为一体，生生不息。

CHAPTER THREE

东南形胜，三吴都会，
钱塘自古繁华。
烟柳画桥，风帘翠幕，
参差十万人家。

——宋·柳永

龙井村暮色 ｜ 周勇

“茶乡第一村”龙井村，因盛产顶级西湖龙井茶而闻名于世，位于西湖风景区的南侧。
相传乾隆皇帝下江南时，曾到龙井村的胡公庙品尝西湖龙井茶，并将庙前十八棵茶树封为“御茶”。
夜幕降临，龙井村的农户慢慢亮起了灯，夜色中仿佛飘来阵阵茶香。

远眺满觉陇村 | 胡寒

满觉陇在明朝以前即盛产桂花，为西湖著名赏桂胜地。满觉陇山道边，植有七千多株桂花，树龄长的达200多年。
每当金秋花开时，这里金桂飘香，珠英琼树，百花争艳，香飘数里，沁人肺腑。

胜利河美食街 | 徐晖

赏着城市的月，吹着河岸的风，品赏着诱人的美食，夜晚的生活就是这样有滋有味。

河坊街美食街 | 朱露翔

河坊街自古就是杭州的商业中心。河坊街是最能够体现杭州历史文化风貌的街道之一，也是西湖申报世界历史文化遗产的重要组成部分。它的修复和改造，再现了杭城历史文脉，为杭城留下一份宝贵的历史文化遗产。夜晚的河坊街在冷暖相宜的光照下显得愈加韵味十足。

钱塘自古繁华 | 杨照夫

夜晚的上城区吴山广场热闹非凡。

吴山俯瞰西湖夜景 | JasonVon

从吴山俯瞰西湘的夜，山、湖、建筑融为一体，流光溢彩。

钱塘闻涛路 | 孔国珍

杭州跑道界的“网红”——闻涛路，一开通就受到市民热捧。跑道全长15.5千米，盛开于沿岸的烂漫樱花、雅致紫薇、清香桂花、金黄银杏，随四季更替而变换。这里是欣赏钱江新城灯光秀全景的最佳位置。

浪漫南山路 | 杨照夫

夜晚的南山路是不少外地游客的打卡地，也是摄影师最中意的取景地之一。

火树银花的街

飞驰而过的汽车留下绚丽灯轨，和南山路的“火树银花”交织在一起，令人流连，不想离去。

西湖烟花 | 杨照夫

西湖礼赞 | 吴海平

为庆祝G20会议圆满成功，西湖上空燃放了璀璨的烟花。
烟花和湖水交相辉映，美轮美奂，好一幅盛世美景。

烟花照西湖 | 杨照夫

西湖在烟花的映照下，更增添了浪漫的气息。

城西银泰 ｜ 胡寒

银泰城为古老的杭州增添了年轻、时尚的气质。

「东方品质之城」

这里，丰富多彩的夜晚生活正拉开幕布。

武林商圈国大中心 | 朱露翔

钱江新城灯光秀 | 吴海平

在杭州钱江新城，一场盛大的灯光秀正在上演。文字、灯光、影像闪耀在钱塘江沿岸30多幢高楼串成的一幅“巨幕”上，为人们呈现一场视觉和听觉的盛宴。

灯光秀杭州 | 吴海平

璀璨的钱江灯光秀。人们争相拍摄，留住这灿烂夺目的一刻。

我爱你
中国

钟书阁

钟书阁，魔幻“森林”般的阅读空间。夜色阑珊，让心灵停靠，正是读书时。

心灵港湾 | @一个胖子

书的海洋

夜晚的晓书馆

文化是城市的气质。静静的阅读，让时光流淌。

钟书阁 | 杨照夫

约上三两知己，在钟书阁度过一个美好的夜晚。

夏日童趣 | 唐敏敏

杭州萧山区人民广场。杭州的夜，是静谧的，也是欢动的。

杭州大剧院

杭州大剧院位于杭州市钱塘江畔，是杭州从“西湖时代”向“钱江时代”迈进的文化标志。

翠光亭小憩 | 杨照夫

临湖而立的翠光亭凉风习习，是夏夜纳凉的好去处。

浙江大学紫金港校区

浙江大学紫金港校区毗邻著名而古老的西溪风景区，是一座具有中国文化底蕴的生态型校园。

点亮——电耀杭州，守护光明

电，不仅代表着光明，也代表着希望。在这束希望的背后，有一群人，走遍了杭州的每个角落，用心、用爱留下一首关于光明的叙事诗。

在突如其来的灾害面前，在迎峰度夏的零点时分，在各大赛事盛会的热闹背后，他们踏冰破雪，彻夜坚守。他们紧握时代的火把，将责任与誓言融进血液，他们是立于潮头的勇士，是执着光明的工匠，有他们的地方就有安眠的梦乡。

在发展道路上，他们无所畏惧、迎难而上；在改革创新中，他们逢山开路、遇水搭桥，扛起国家和人民赋予的使命。从全省第一条220千伏输电线路，到华东电网第一套光纤设备、中国第一条国产110千伏电缆建设、全球第一套人工智能配网调度系统……他们无数次率先踏足艰深的领域，将光明与希望传递到更高远、更广阔的地方。

有电，有光，就有希望。

CHAPTER FOUR

大地茫茫，

河水流淌，

是什么人掌灯，

把你照亮。

——海子

G20誓师大会 | 戴翔

G20杭州峰会前夕，国网杭州供电公司（以下简称“杭州公司”）召开誓师大会，确保峰会供电万无一失。

光河灿烂，不过是有人替我们守护光明。
电网人不仅是城市建设者，也是城市美的发现者、记录者和传播者。

信念 | 叶轩

杭州公司党员服务队摆出党徽图样。

新安江大坝雄姿 | 戴翔

源源不断的电流从新安江大坝流出，流向四面八方，流进千家万户。

亚运场馆保电 | 姚靖霖

杭州公司党员服务队在保障亚运会主场馆的建设用电。

巡查 | 张德峰

技术人员巡查艺尚小镇用电情况。

“电管家” | 温学明

梦想小镇内，杭州公司员工正在查看设备。

双创保电 | 张德峰

2019年全国“双创周”在未来科技城学术交流中心举行，杭州公司在现场实施保电措施。

智能调度员 | 求力

配网人工智能调度员“帕奇”正在与钱江世纪城现场电力员工进行人机对话。

智能机器人 | 丁豪

杭州公司运维人员在检查智能机器人巡检系统。

集中检修现场

发达的电网营造了优越的营商环境，优质的电网服务提升了我们的生活品质。
战高温、抗严寒，电网人日夜奋斗在检修工作的第一线。

走线 | 王振

杭州公司员工在巡视特高压线路。

空中音符

银线入云端

雪后巡线 | 毛无穷

在临安浙西天池，巡线人员扛着设备、工器具开展线路巡视工作。

踏雪保电世游赛 | 姚靖霖

杭州公司党员服务队为世界游泳锦标赛场馆保供电。

前行 | 黄辉

大雪过后，杭州公司员工在富阳山区巡线。

雪中协奏曲 | 毛无穷

雪后的临安浙西天池，电力员工徒步上山巡线，保证山区居民用电正常。

服务果农 | 黄辉

杭州公司党员服务队深入乡村，了解果农实际需求，为其提供供电服务。

优质服务 | 方旭峰

新春将至，杭州公司员工为富阳龙门古村居民挂上象征祝福喜庆的红灯笼。

社区送服务 | 方旭峰

杭州公司党员服务队为常绿镇五联村村民们修理电器设备。

山花烂漫时 | 刘紫婷

杭州公司员工为桐庐阳山畈山花节保供电。

点亮公园的小路

杭州公司员工检查公园的路灯照明设施。

夜间作业

杭州公司员工登高作业点亮城市。

夜间抢修施工 | 陈东

杭州公司员工为环西湖亮化工程更换电缆。

G20保电现场 | 徐国锋

杭州公司员工夜以继日地开展峰会保电工作，圆满完成了“四个零”的目标。

良渚公园巡查 | 崔丕远

杭州公司员工在良渚古城遗址公园进行保电巡查。

茶园检修 | 戴翔

杭州公司员工在检修茶园线路，保障茶农的采茶季生产用电。

水上服务队 | 蒋哲峰

杭州公司水上党员服务队登上淳安钱币岛开展供电服务。

进乡村 | 陈东

杭州公司党员服务队为茶农检查茶园用电情况。

电能替代助力生态保护，展现于世界眼前的，是一个越来越绿色、清洁、高效、经济的杭州。

绿色出行 | 黄宗治

电动公交车行驶在杨公堤。

屋顶发电 | 张德峰

杭州公司员工在查看长江汽车有限公司屋顶光伏发电设备的并网发电运行情况。

光伏打造“杭州蓝”“西湖蓝”

| 唐衎

农光互补光伏清洁发电项目助力打造“杭州蓝”“西湖蓝”。

建设中的光伏项目 | 方晓莉

杭州地区首家渔光互补漂浮式光伏电站，年发电量可达2000万千瓦时。

抗台抢险 ｜ 丁豪

台风过后，杭州公司应急基干队趟入河中扶正在台风中倾倒的电杆。

电力“铁军” | 丁豪

杭州公司支援温岭电网抢修的电力“铁军”准备出征。

深入灾区的供电人 | 朱俊杰

抗击台风“利奇马”，杭州公司员工进行紧急抢修，力求第一时间恢复受灾地区供电。

筑梦前行 | 蒋哲峰

国网杭州供电公司党员服务队走进下姜村。

用电“炒”出新生活

电炒茶机帮助村民走上清洁、健康致富路。

乡村振兴、电力先行

夕阳西下的下姜村，整齐列队的充电桩在迎接八方来客。

图书在版编目（CIP）数据

电耀杭州 / 国网浙江省电力有限公司杭州供电公司编. —北京：中国电力出版社，2019.11

（中国夜景丛书）

ISBN 978-7-5198-3189-9

Ⅰ. ①电… Ⅱ. ①国… Ⅲ. ①城市景观－照明设计－杭州 Ⅳ. ① TU113.6

中国版本图书馆 CIP 数据核字（2019）第 275492 号

出版发行：中国电力出版社
地　　址：北京市东城区北京站西街 19 号（邮政编码 100005）
网　　址：http：//www.cepp.sgcc.com.cn
责任编辑：杨　扬（010-63412524）
责任校对：黄　蓓　朱丽芳　常燕昆
装帧设计：锋尚设计
责任印制：杨晓东
印　　刷：北京盛通印刷股份有限公司
版　　次：2019 年 12 月第一版
印　　次：2019 年 12 月北京第一次印刷
开　　本：889 毫米 ×1194 毫米　12 开本
印　　张：10
字　　数：423 千字
定　　价：138.00 元